Constant Vanlair

Le mystère de la douleur

Science

 Le code de la propriété intellectuelle du 1er juillet 1992 interdit en effet expressément la photocopie à usage collectif sans autorisation des ayants droit. Or, cette pratique s'est généralisée dans les établissements d'enseignement supérieur, provoquant une baisse brutale des achats de livres et de revues, au point que la possibilité même pour les auteurs de créer des œuvres nouvelles et de les faire éditer correctement est aujourd'hui menacée. En application de la loi du 11 mars 1957, il est interdit de reproduire intégralement ou partiellement le présent ouvrage, sur quelque support que ce soit, sans autorisation de l'Éditeur ou du Centre Français d'Exploitation du Droit de Copie , 20, rue Grands Augustins, 75006 Paris.

ISBN : 978-1539537786

10 9 8 7 6 5 4 3 2 1

Constant Vanlair

Le mystère de la douleur

Science

Table de Matières

Introduction	6
Chapitre I	7
Chapitre II	23

Introduction

Dans les dernières années de son existence, miné par un mal inguérissable, Alphonse Daudet avait nourri le projet d'écrire un jour le roman de la *douleur*. En venant trop tôt le surprendre, la mort ne lui a pas permis d'accomplir son dessein. Et cependant, quel drame émouvant il eût construit sur cette donnée tragique ! Conçu au sein même de la souffrance et comme dicté par elle, son livre aurait à coup sûr fait surgir devant nous, vivant d'une vie intense, le tableau des misères humaines.

Sous quel aspect, — car la vérité même a des formes diverses, — nous eût-il présenté l'image de la douleur ? Dans les lignes qu'il n'a pu tracer, aurions-nous entendu le cri de la chair en révolte contre un mal abhorré, ou le lamento résigné de la victime que poursuit une fatalité inexorable, ou bien encore le chant mystique, l'enthousiaste hosanna du martyr glorifiant son supplice et bénissant ses bourreaux ? Sa fiction nous eût-elle appris à supporter d'un cœur vaillant les assauts de la souffrance, à goûter même sa poésie amère ? Aurait-elle, au contraire, étalé, sous nos yeux, en des pages d'un réalisme brutal, l'horreur du mal physique ?... Nul ne l'a su que lui. Mais, quelle qu'eût été l'idée inspiratrice de son livre, il a dû sans nul doute, avant même d'en édifier le plan, se poser cette éternelle question : La douleur est-elle une pure nuisance, une cruauté toute gratuite de la nature ; ou ne faut-il pas plutôt se représenter la souffrance sous les traits d'un génie bienfaisant qui, loin de nourrir à notre égard des intentions hostiles, exerce à notre profit son indéfectible vigilance et nous avise à temps des dangers multiples auxquels nous expose la vulnérabilité de nos organes ?

Problème vieux comme le monde, vieux comme la douleur elle-même, que les plus hautes intelligences ont tenté de résoudre ! Déconcertant mystère dont la hantise n'a cessé, durant de longs siècles, d'inquiéter la pensée des rêveurs et des savants !

Depuis Bion, l'aède des temps héroïques de la Grèce, jusqu'à Voltaire, depuis le scoliaste Zénon jusqu'au psychologue Cabanis, depuis Cicéron jusqu'à Pascal, les esprits les plus transcendants se sont préoccupés des *fins* de la douleur. Toutefois, il faut bien en convenir, la plupart d'entre eux n'ont envisagé qu'un des côtés de la question. Leurs méditations ont presque exclusivement porté sur le sens éthique de l'acte douloureux qu'ils ont étudié non en physiologistes, mais en métaphysiciens, confondant à tout moment l'une avec l'autre l'angoisse physique et la souffrance morale.

A la biologie moderne il était réservé de mieux circonscrire le champ de ces recherches et de substituer aux spéculations des idéologues sur les conséquences ultimes de la douleur une notion plus objective, une conception plus adéquate de sa finalité.

Mais pour se faire une juste idée de l'influence du mal physique sur l'existence humaine, la logique voulait que l'on en déterminât au préalable les causes intimes, qu'on en localisât le siège, qu'on en recueillît soigneusement les signes extérieurs, qu'on notât enfin les changements généraux qu'il apporte à notre personnalité. Qu'on se figure maintenant la somme d'observations réclamée par une entreprise aussi vaste, et l'on ne s'étonnera point d'apprendre qu'il a fallu près de trois mille ans pour la mener à bien. Néanmoins, — et ce sera l'éternel honneur de ceux qui en ont eu la charge, — jamais labeur n'a paru moins pénible : à l'attrait irrésistible qu'exerce sur l'homme de science la découverte de tout fait inédit s'ajoutait ici, en effet, un mobile spécial, mobile noble entre tous, l'ardent désir d'alléger l'humanité de son plus lourd fardeau.

Sans même sortir du domaine strictement physiologique, l'histoire de la douleur ; — fût-elle présentée sous une forme des plus succinctes, — outrepasserait de beaucoup les limites qui me sont imposées. Aussi me bornerai-je, dans le présent essai, à l'étude de deux points seulement, dont le second surtout mérite une attention spéciale : à savoir le *mécanisme* de la sensation douloureuse et le *rôle* qu'elle assume vis-à-vis des êtres vivants.

Chapitre I

Si la netteté d'un concept entraînait toujours bien réellement la clarté de l'expression, définir la douleur serait assurément chose facile, Rien n'est plus malaisé pourtant, puisque aujourd'hui encore on en est à chercher pour elle une formule à la fois exacte et concise.

Dire, à l'exemple de l'ancien ne scolastique, que la *souffrance est l'opposé du plaisir*, c'est vouloir expliquer l'inconnu par l'inconnu.

On ne fixe pas le sens de la vie en représentant celle-ci comme le contraire de la mort.

La science a-t-elle été plus sagement inspirée en considérant comme l'attribut essentiel de la douleur les réactions immédiates qu'elle provoque ? Admettra-t-on, par exemple, l'interprétation de Gaubius et de Boerhave, qui voient dans le mal physique *une perception que l'âme aimerait mieux ne pas éprouver* ? Non, sans doute : cela dit trop ou trop peu.

Trop, car on connaît une foule de perceptions incommodes qui, en fait, n'ont rien de commun avec la vraie douleur : telle l'émotion causée par l'explosion inattendue d'une arme à feu, par la fulgurance aveuglante d'un éclair ; tel le goût détestable que laisse au palais l'amertume intense de certaines substances médicamenteuses ; telle encore rôdeur nauséabonde qu'exhalent les matières putrides. Trop peu, par cette raison que la douleur n'est pas une simple gêne : la bénignité et l'imprécision d'un pur malaise ne sauraient se comparer à l'acuité si vive, si absorbante d'une sensation franchement douloureuse.

Que penser enfin d'une définition de la douleur qui placerait son signe critérial dans *le désir que l'on a de ne plus réprouver de nouveau* ? Remarquons tout d'abord qu'elle constituerait un corollaire direct, sinon une métaphrase de l'aphorisme de Boerhave. Quoi de plus naturel qu'après avoir traversé quelque épreuve pénible, assez pénible pour nous laisser un très désagréable souvenir, quoi de plus naturel, dis-je, que d'en appréhender le retour ? Serait-il bien logique, d'autre part, de définir un phénomène, non par ses qualités intrinsèques ou tout au moins par ses réactions immédiates, mais par une impression qui n'en sera que la conséquence éventuelle ? Faudrait-il donc attendre la disparition de la souffrance pour savoir que l'on a souffert ? Non : c'est au moment même où sévit la douleur qu'elle est perçue comme telle par la conscience. Dans l'instant où elle s'attaque à nos misérables organes, la seule chose à laquelle nous aspirons est de la voir cesser au plus tôt ; et, lorsqu'elle aura pris fin, il s'écoulera des minutes, des heures, des jours avant que l'euphorie qui lui succède ne soit de nouveau troublée par la peur d'une rechute, avant aussi que ne se formule dans notre esprit le vœu d'en être désormais affranchi.

Constant Vanlair

Au demeurant, le caractère déterminatif de languisse physique est encore à trouver. Comment, d'ailleurs, en serait-il autrement ? Purement subjective dans son essence, affectant par surcroît des modalités tellement personnelles, tellement irrévélables que jamais aine qui vive n'a pu « sentir » le mal d'autrui, on conçoit que la douleur se montre rebelle à toute synthèse verbale.

Mais à défaut d'un critérium psychologique, ne serait-il pas possible de découvrir dans ses *manifestations corporelles* des éléments discriminateurs d'une valeur moins contestable ?

Il est certain qu'au contact d'une souffrance aiguë, l'économie tout entière subit une perturbation profonde. Les mains se mettent à trembler, les jambes chancellent, la face pâlit et se couvre d'une sueur glacée, les muscles de la poitrine sont pris d'une contraction spasmodique, la respiration s'embarrasse, devient plus lente, en même temps que son rythme s'altère. Le cœur, au contraire, commence par accélérer ses battements, puis, la douleur persistant, ses pulsations se font plus rares ; et si, au lieu de s'atténuer, le mal va toujours croissant, le drame s'achève par une syncope qui, elle-même, lorsqu'elle vient à se prolonger, peut occasionner la mort.

Tout cela est visible et palpable ; la plupart de ces actes morbides se prêtent même sans difficulté à des notations diagrammatiques. Malheureusement, ils n'ont rien qui soit exclusivement propre à la douleur. La décoloration du visage, la faiblesse et la trépidation des extrémités, l'oppression, la défaillance du cœur, se rencontrent également, — isolées ou réunies, — en d'autres occurrences : à la suite, par exemple, d'une commotion physique ou d'un grand choc moral.

Tous, au surplus, ne sont pas le fait de la douleur *sentie*. Plusieurs d'entre eux ont une autre origine : ils résultent d'un automatisme inconscient.

Qu'à l'exemple de Longet et de Vulpian, on pratique chez un rat l'ablation des hémisphères cérébraux, — siège des associations mentales d'où dérive la conscience, — et la faculté de *percevoir* la douleur lui sera enlevée du même coup. Ce qui n'empêchera pas son système nerveux, ses muscles, son cœur d'être influencés par de fortes excitations. Pincez vivement sa patte : il la retirera aussitôt ; infligez-lui la brûlure d'un fer rouge : le tronc tout entier sera secoué d'un spasme irrépressible. Il n'est même pas besoin de violenter l'animal pour développer chez lui de semblables extériorisations : la stridence d'un coup de sifflet fera brusquement tressauter tous ses membres.

La grenouille se prête mieux encore à ce genre d'expériences. Si, après l'avoir soumise à la décapitation, on asperge sa peau de quelques gouttes d'acide sulfurique concentré, on verra, non sans surprise, ce corps sans tête exécuter incontinent des mouvements de défense et de fuite, mouvements auxquels la volonté réfléchie reste évidemment étrangère.

Lorsqu'on saisit un ver de terre entre les doigts, mieux encore quand le pêcheur essaie de l'accrocher à la pointe de son hameçon, le corps de la pauvre bête se tortille désespérément, s'allonge, se rétracte dans tous les sens. Tant et si bien que souvent il réussit à se dégager. Dans ces convulsions d'aspect désordonné se dessine en effet, si vous les observez de près, une orientation formelle : les curieuses manœuvres auxquelles se livre le malheureux prisonnier sont en réalité celles qui doivent le plus activement favoriser son évasion.

Qu'on n'aille point se figurer pourtant que tous ces mouvements soient savamment réglés par une volonté consciente. Ne croyez même pas que ces contorsions éperdues trahissent une vive souffrance. Car, si vous divisez l'animal en plusieurs tronçons, chacun d'eux vous offrira ou peu s'en faut le même spectacle ; et quand, à l'imitation de Neumann, on irrite un segment du corps du lombric dépourvu de tout ganglion nerveux, ce segment ne restera pas immobile : il se contractera tout aussi énergiquement que les autres. Il s'agit là, à vrai dire, d'animaux d'un ordre inférieur, et l'on pourrait se demander si des expériences de ce genre donneraient les mêmes résultats chez l'homme. Or, des phénomènes analogues à ceux que présentent la grenouille et le rat ont été constatés sur les cadavres des suppliciés ; et, tout récemment, Vaschide et Vurpas ont vu se produire, chez un monstre humain totalement dépourvu d'hémisphères cérébraux et de cervelet, des mouvements de retraite quand on pinçait ou chatouillait la peau.

J'ai dit tout à l'heure combien il était difficile de fonder une définition concrète de la douleur sur nos impressions psychiques. Et l'on sait maintenant combien seraient illusoires les indications fournies par les désordres fonctionnels dont celles-ci s'accompagnent.

D'autant plus que l'on verserait dans une profonde erreur si l'on s'imaginait qu'une attaque douloureuse, quelque sévère qu'on la suppose, donne constamment lieu à d'aussi tumultueuses réactions. Chez certains individus, et cela résulte d'observations authentiques, les appareils généraux font preuve d'une remarquable indifférence à l'égard de la douleur. Non seulement l'insulte faite à leurs organes n'arrache à ces sujets privilégiés aucune plainte, aucun cri, mais le cœur ne bat pas une fois de plus ; la respiration reste calme ; il n'est pas jusqu'aux traits du visage qui ne gardent la plus parfaite impassibilité.

A dire vrai, cet étonnant silence n'est pas toujours imputable à l'intervention d'une volonté stoïque : souvent il aura sa raison d'être dans une tolérance exceptionnelle, — permanente ou passagère, — de l'appareil nerveux. Le centre sensitif s'abstiendra de répondre aux bruyantes provocations du dehors, non point parce qu'il les dédaigne, mais parce qu'il ne les entend pas.

Tel était le cas extrêmement singulier, — peut-être unique au monde, — de cet Américain dont la vie tout entière se serait écoulée dans l'ignorance absolue de la douleur. C'est à peine si les maladies qu'il eut à subir lui causèrent d'insignifiants malaises. Bien plus, au dire de son historiographe, il supporta sans le moindre murmure des mutilations étendues ; et, lorsque, dans un Age avancé, car son existence fut longue, on eut à l'opérer de la cataracte, le passage du couteau à travers la cornée ne parvint même pas à lui faire cligner la paupière. Pas plus que l'ancienne métaphysique, la biologie contemporaine n'a donc su nous donner une traduction grammatique satisfaisante de la douleur. Aussi bien, je ne vois pas pourquoi l'on devrait s'attarder à une pareille recherche. Serait-on plus avancé, je le demande, si par de laborieuses déductions on parvenait enfin à paraphraser scientifiquement un terme dont le sens, hélas ! n'est ignoré de personne ? En exprimant ce que tout le monde connaît, le mot lui-même ne renferme-t-il pas une définition suffisamment claire, suffisamment exacte, suffisamment laconique ?

Chapitre I

De la difficulté qu'éprouvent les physiologistes à nous dire ce qu'est au juste la douleur, il ne résulte nullement que la nature du phénomène soit pour eux lettre close. Ils ont, au contraire, poussé très loin cette étude, et leurs efforts ont en grande partie abouti. Je dis en grande partie, car il est certains points sur lesquels la discussion reste encore actuellement ouverte. Au nombre de ces derniers figure notamment la question des rapports qu'offrent entre elles la sensibilité tactile et la sensibilité *douloureuse*.

Comme toujours, à la question qu'on lui demandait de trancher, la science a répondu d'abord par une solution très claire, très rationnelle, assez plausible pour qu'il parût inutile d'en rechercher une autre. C'est ainsi que longtemps il fut admis par tous, — et des savants de premier ordre l'admettent encore aujourd'hui, — que la douleur consiste en une simple exagération de l'impressionnabilité normale, l'aboutissant extrême de n'importe quelle sensation.

De prime abord, cette thèse semble rencontrer une irréfutable confirmation dans l'expérience suivante dont chacun peut à son gré varier les conditions : Soumettez une région quelconque de la surface de la peau à une stimulation légère, et d'habitude il s'ensuivra ce bien-être indécis, ce plaisir un peu vague, presque inconscient, que développe en nous le jeu régulier de nos organes. Mais, si l'excitation, sans changer de nature, augmente d'intensité, la fonction en est désagréablement troublée et le malaise apparaît. Qu'enfin l'irritation vienne à dépasser toute mesure, et, par une gradation insensible, la gêne va se métamorphoser en une véritable douleur. Entre la sollicitation initiale du nerf et le froissement final de ses fibres, il y a tout l'intervalle qui sépare une caresse d'un coup ; cependant la qualité de l'excitant est demeurée la même, le degré seul de l'excitation a changé.

A qui d'entre nous, au moins une fois en sa vie, n'est-il pas arrivé ceci ? Un ami dont vous avez fait la rencontre vient à vous la main tendue. Vous répondez à son avance, et l'attouchement sympathique de sa paume vous procure au premier moment une très douce impression. Mais il se fait que la personne en question est douée d'une poigne vigoureuse et qu'en témoignage du plaisir qu'elle ressent à vous voir, ses doigts prolongent et accentuent leur étreinte. Serrées dans cet étau vivant, vos phalanges, bientôt, s'emplissent de fourmillements pénibles en même temps que s'incruste dans la peau le cercle métallique des bagues et que vos jointures, démesurément comprimées, semblent prêtes à craquer. Et voici que, maintenant, le très agréable contact de tantôt vous cause une souffrance intolérable ; le front baigné d'une sueur froide, sur le point de défaillir, force vous est de crier grâce et de supplier votre trop expansif ami de mettre un terme à ses chaleureuses effusions.

Voulez-vous un second exemple de cette fâcheuse transmutation ? Lorsque, las d'une longue course, vous plongez dans un bain vos membres courbatus, la chaleur tiède dont ils s'imprègnent apporte à vos nerfs un délicieux repos. Dans une demi-somnolence, les sens engourdis par la caresse de l'eau, vous vous abandonnez mollement à cette détente exquise. Malheureusement, dans votre hâte, vous avez omis de fermer le robinet de la chaudière. Graduellement, sans que vous y ayez pris garde, la température s'est élevée de plusieurs degrés. Un soupçon de malaise, venu l'on ne sait d'où, commence alors sourdement à troubler votre quiétude ; puis, la peau se fluxionne et s'irrite, des bourdonnements montent aux oreilles, la tête tournoie sous l'action du vertige, le cœur se met à battre à coups précipités, la poitrine se resserre, les idées se font confuses, la congestion devient imminente. A la béatitude du début s'est substituée une inexprimable angoisse, — qu'une prompte émersion ne manquera pas de dissiper, mais dont ne s'effacera que très lentement l'impressionnant souvenir...

De ces constatations banales, faciles à contrôler, et d'autres expériences plus techniques que je crois inutile de mentionner, on ne peut apparemment tirer d'autre conclusion que celle-ci : la souffrance dérive d'une sensation *tactile* dont la mesure ou la durée dépassent les bornes physiologiques.

Hâtons-nous pourtant de le dire, une telle conclusion ne serait rien moins que légitime. Loin de s'exagérer au cours de l'acte douloureux, l'excitabilité normale se trouve, au moins dans la généralité des cas, momentanément suspendue, et le nerf offensé ne perçoit plus que sa souffrance. Voyez, par exemple, ce que produit un choc violent : au lieu de l'aiguiser, il anéantit d'emblée toute espèce de sensibilité spécifique dans la région lésée.

« Nos sens, écrivait Pascal, n'aperçoivent rien d'extrême. Trop de bruit nous assourdit, trop de lumière nous éblouit. Les qualités excessives nous sont ennemies... ; nous ne sentons plus, nous souffrons. »

Qui plus est, quand se déclare une douleur à la fois vive et circonscrite, il nous devient difficile, quelquefois même impossible de discerner ses origines. La nature de l'agent vulnérant échappe alors à toute discrimination. C'est au moins ce qu'on doit inférer de l'expérience suivante de Fick, — expérience que ni vous ni moi ne serons d'ailleurs tentés de soumettre à une vérification personnelle. Que l'on recouvre un point quelconque du corps avec une carte percée d'un trou minuscule ; que, par l'ouverture ainsi ménagée, on applique ensuite sur la peau des irritants divers — pointe d'une aiguille, mors d'une pince, cautère rougi au feu ; — et, le croirait-on, les sensations accusées par le sujet ne se distinguent en aucune manière les unes des autres : les mêmes termes serviront à les désigner. Je me rappelle encore l'impression que j'ai moi-même ressentie naguère quand, au cours d'une leçon de chimie, le professeur déposa sur ma main un bloc de mercure solidifié. Cette congélation me fit l'effet d'une brûlure ; la douleur éprouvée fut identique à celle qu'eût occasionnée la cautérisaion d'un fer chauffé à blanc.

En présence de l'antagonisme évident que manifestent l'une vis-à-vis de l'autre la réceptivité *douloureuse* et la sensibilité *tactile*, il a bien fallu se demander si les deux fonctions sont remplies par les mêmes organes. Existe-t-il ou non, à côté et en dehors des éléments nerveux propres au sens du tact, des conducteurs exclusivement affectés aux perceptions douloureuses ? En d'autres termes, les fibres nerveuses sont-elles ou ne sont-elles pas assimilables à nos fils télégraphiques, lesquels ont la faculté de transmettre les dépêches qu'on leur confie, quelle qu'en soit la teneur et quel que soit l'idiome adopté pour leur rédaction ? Question à laquelle personne n'aura l'idée de dénier une haute signification doctrinale, quand on saura qu'elle se rattache directement à la grande théorie de la *spécificité* des nerfs.

Dans quel sens il convient de la trancher, l'exposé qui va suivre, — écho affaibli de longues et savantes controverses, — nous l'apprendra peut-être.

Constant Vanlair

Sans doute tout ce qui n'est pas lumière reste non avenu pour notre rétine. Lors même que, par l'intermédiaire des liquides de l'œil, on exerce sur cette membrane, à travers le voile des paupières, une pression un peu vive, celle-ci ne développe aucune sensation tactile ; elle illumine seulement de phosphènes fugitifs le cercle obscur de la vision. Réfractaire à toute autre excitation, l'ouïe, de son côté, ne saisit jamais que les ondulations sonores. Seules aussi, les particules odorantes ou sapides sont capables d'actionner les nerfs de l'olfaction et du goût.

Ce même exclusivisme, mis en évidence il y a trois quarts de siècle par le fameux physiologiste Jean Müller, on ne saurait non plus le dénier aux appareils sensitifs répandus en si grand nombre dans les papilles de la peau.

Mais ici le champ qu'il embrasse est beaucoup plus vaste, et, pour répondre à la variété des sensations perçues par l'enveloppe cutanée, il était nécessaire que la nature conférât à ses éléments nerveux des attributions complexes. Non contents en effet d'édifier notre centre mental sur la résistance des corps, non contents de nous renseigner sur leur forme, leur volume et leur poids, les nerfs de la peau assument encore une autre mission. Thermomètres vivants, ils se chargent de noter avec une surprenante exactitude la température de l'atmosphère ambiante et celle des objets qui nous environnent. A chacune de ces fonctions se trouvent préposés, on le sait aujourd'hui, des filets nerveux d'ordre différent.

Une telle dilection ne suffisait point encore. En ce qui regarde les éléments thermiques, les très délicates recherches de Goldscheider ont révélé ce fait imprévu, que les nerfs destinés à la perception des basses températures ne sont pas ceux qui recueillent les impressions calorifiques. Les premiers sont insensibles à la chaleur ; les seconds échappent à l'action des corps réfrigérants. A défaut de ceux-ci, nul de nous ne saurait ce que c'est que le froid, et nous n'aurions jamais chaud, si nous étions privés de ceux-là.

En spécialisant ainsi de plus en plus chacune de nos facultés tactiles, la nature n'a fait qu'obéir à cette grande loi physiologique sans laquelle il faudrait renoncer à tout progrès : *la division du travail.* — Et pourquoi maintenant, décidée à poursuivre jusqu'au bout l'application de cette règle, n'aurait-elle pas établi une démarcation non moins opportune entre les nerfs de la sensibilité normale et les nerfs dolorifiques, les uns réagissant uniquement vis-à-vis des impressions modérées, les autres plus lents à s'émouvoir et que peut seule mettre en branle une irritation violente ?

Si l'aphorisme de Pascal cité plus haut était rigoureusement vrai, si toute douleur intense supprimait immédiatement et radicalement la possibilité de sentir autre chose que la souffrance, la question qui vient d'être posée devrait recevoir, semble-t-il, une solution négative. Car cette substitution ne se comprendrait que dans l'hypothèse d'un conducteur unique, hors d'état de remplir deux offices à la fois.

Mais Pascal n'était ni un physiologiste, ni un médecin. Algébriste, géomètre, physicien, psychologue seulement par occasion, il devait s'attendre à rencontrer partout la rectitude inflexible des démonstrations mathématiques ; et son esprit, imbu de l'absolutisme des chiffres, ne pouvait accorder qu'une valeur secondaire aux innombrables contingences qui sans cesse contrarient l'évolution régulière des phénomènes vitaux. De là cette affirmation dogmatique d'un principe dont l'exactitude n'a rien que de relatif.

Entre la perception douloureuse et les sensations normales, il n'existe pas, en fait, cette opposition irréductible que Pascal, — et d'autres encore avant et après lui, — se sont plu à proclamer. Je veux bien que dans les conditions ordinaires cette incompatibilité s'observe le plus communément ; mais il est des circonstances où elle fait absolument défaut : et l'on aurait tort d'oublier qu'en matière biologique, les exceptions, au lieu de la corroborer, infirment presque toujours la règle.

Voici, entre autres, un cas où s'observe une semblable aberrance. Un malade est atteint d'un anthrax que le chirurgien juge opportun d'inciser. Généralement, s'il n'a pas été prévenu, le patient n'accusera que la souffrance aiguë causée par l'opération. Mais, si vous lui avez recommandé au préalable d'analyser ses sensations, souvent il se rappellera qu'à la seconde précise où le bistouri fendait les chairs, il a perçu le froid de la lame en même temps que la douleur ; ce qui n'aurait pas lieu si la transmission s'effectuait par un conducteur unique.

Constant Vanlair

Voyez aussi ce qui advient assez fréquemment au cours de la narcose chloroformique. Dans l'état de demi-sommeil dû aux premières inhalations, n'arrive-t-il pas que le contact de l'instrument soit perçu d'une façon très distincte alors que le malade a déjà perdu la faculté de souffrir ? Sur un ton parfaitement calme, sans essayer le moins du monde de s'y soustraire, il vous dira qu'il sent très bien l'attaque du couteau, qu'il n'ignore pas ce que vous lui faites. Mais demandez-lui : « Avez-vous mal ? » il vous répondra négativement.

Ce n'est pas tout. La douleur elle-même est parfois l'objet d'une étrange dissociation. Pour vous en donner un exemple, permettez-moi de vous présenter, — au figuré bien entendu, — un de ces curieux malades que les médecins appellent des *syringomyéliques*. Dès le premier coup d'œil, un fait particulier va fixer votre attention : la présence de taches bizarres marquetant de-ci de-là les extrémités inférieures du patient. Examinez-les de près et vous reconnaîtrez en elles des brûlures anciennes ou récentes, symptôme qui, à lui seul, lèvera tous les doutes quant au diagnotic de l'affection ; elles sont la conséquence d'une anesthésie assez rare, celle qui rend la peau insensible aux irritations thermiques, quel qu'en soit le degré. Lorsque, par mégarde, il approche ses membres d'un foyer, le syringomyélique n'en perçoit point les radiations ; rien ne l'avise du risque que lui fait courir son imprudence, et la flamme aura déjà grillé ses chairs que le soupçon même du danger ne l'aura pas encore effleuré.

Or, ce singulier patient, — non moins insensible qu'un cadavre à la brûlure d'un fer rouge, — se rend admirablement compte, en revanche, de tous les autres contacts, douloureux ou non ; il n'apprécie pas seulement avec une parfaite certitude la nature et le degré d'un simple attouchement, mais aussi les incisions, les pincements, les piqûres de la peau lui causent une vive souffrance. Toutes les injures extérieures, pour le dire en un mot, sont perçues par ses nerfs, hormis celle du feu.

On aurait, en vérité, beaucoup de peine à expliquer rationnellement l'ensemble de ces faits, si l'on ne consentait point à admettre comme une hypothèse inéluctable la diversité fonctionnelle des fibres sensitives, ou, pour mieux préciser, leur séparation en deux grandes catégories : les libres *thermo-tactiles* d'un côté, les fibres *dolorifiques* de l'autre.

Ce n'est pas cependant que cette manière de voir n'ait été contredite par des voix autorisées, bon nombre de physiologistes, — et non des moindres, — se refusent encore à l'adopter. Car, il faut bien l'avouer, elle paraît à première vue s'accommoder assez mal de l'*infinie variété* des aspects de la douleur.

Ouvrez un traité de médecine, — vieux ou nouveau, — consacré à l'étude des accidents morbides, et déjà vous pourrez vous former une idée de cette extrême multiplicité. Sous vos yeux vous verrez défiler la longue et lamentable théorie des souffrances humaines : depuis l'étreinte *poignante* dont le seul souvenir inspire aux sternalgiques une terreur indicible, depuis les affolantes *fulgurances* de l'ataxie, depuis l'inoubliable horreur des *élancements* névralgiques jusqu'au *point* cruellement aigu de la pleuro-pneumonie, jusqu'à la *cuisson* persistante de l'érysipèle, jusqu'à l'excruciante *courbature* de l'influenza. Sans compter les *tiraillements* de la faim, l'*ardeur* inextinguible de la soif et les poussées *conquassantes* de la parturition, qui, pour étrangers qu'ils soient au domaine de la morbidité, n'en constituent pas moins des phénomènes douloureux.

Notez que cette énumération ne comprend que des souffrances reconnues, étiquetées, des souffrances *classiques*, si je puis m'exprimer ainsi. Elle passe sous silence la multitude des douleurs innomées, celles que la science dogmatique n'a pas encore eu le loisir d'entériner. Celles-ci, le médecin lui-même n'en apprendra l'existence qu'en prêtant une oreille à la fois attentive et patiente, — patiente surtout, — aux doléances des hypocondriaques : doléances prolixes, confuses, incohérentes, où se succèdent, comme en un fantastique kaléidoscope, les plus subtiles assimilations et les comparaisons les plus baroques.

Aux confins de la douleur viennent se placer enfin une quantité d'impressions pénibles, moins insupportables qu'elle, mais sortant déjà des limites habituelles de la sensibilité tactile. Tels l'*horripilement* du frisson et les *ardents effluves* de la fièvre ; telles aussi la *nausée* de la syncope, la *photophobie* dont souffrent certains ophtalmiques, la *lourdeur* des congestions viscérales, l'*oppression* des asthmatiques, les *inquiétudes* agaçantes des gens nerveux.

Faut-il le dire aussi ? il se rencontre des états singuliers où la souffrance se teinte d'une impression de plaisir. Je veux parler ici de cette sensation paradoxale, — la *dolorifica voluptas*, — que connaissent trop bien, entre autres, les personnes affectées d'un prurit intense. A la cuisson provoquée par le grattement furieux de leurs ongles se mêle souvent, chez elles, une jouissance tellement aiguë que parfois elle va jusqu'à la pâmoison. Sans doute aussi éprouvaient-ils quelque chose d'analogue, ces énergumènes du moyen âge qui, sous l'empire d'une exaltation frénétique, courant à demi nus au flanc des processions, poussant des hurlements de douleur et de joie, étalaient devant tous le spectacle répugnant et burlesque de leurs sanglantes flagellations.

Peut-on même affirmer, sur la seule foi de leur différence d'origine, qu'il existe entre la souffrance *morale* et l'épouvante *physique* une infranchissable démarcation ? La similitude éventuelle de leurs réactions permet au moins d'en douter. Ce n'est pas seulement au figuré que l'on reçoit « un coup » à l'annonce brutale d'un désastre. Comme après un choc douloureux, l'épigastre se serre en une angoisse subite, tandis que monte à la gorge un spasme qui vous suffoque. A la même minute, une pâleur cadavérique s'étend sur le visage, le cœur ralentit ses battements pour, un instant plus tard, s'agiter en des palpitations folles ; un froid mortel envahit toute la surface du corps, les jambes fléchissent, la vue se trouble, la conscience elle-même s'enténèbre ; puis, épisode ultime de cette pénible scène, la défaillance survient, apportant avec elle le bienfait de l'oubli.

Et voici maintenant l'argument que formulent les adeptes de la théorie uniciste. Si la douleur est à ce point multiforme et si, fidèle au principe de la division du travail, la nature a créé pour chacune de ces innombrables modalités une catégorie spéciale de fibres nerveuses, il faudrait en conclure, d'après eux, qu'il a dû se développer chez l'homme autant de conducteurs dolorifiques que de sensations douloureuses. Ce qui, on doit bien en convenir, constitue une hypothèse *a priori* peu admissible. — A cela l'on peut d'abord répondre avec Spring, — le plus érudit symptomatologiste de son temps, — que la douleur, si diversifiée dans sa forme, est une dans son essence. Les distinctions sans lin qu'établissent si complaisamment les malades et les blessés, distinctions dont l'ancienne pratique exagérait l'importance, dépendent les unes d'une différence dans la nature, le degré, l'étendue, la permanence ou la fugacité de l'excitation, les autres de l'immixtion constante d'éléments hétérogènes, au nombre desquels figurent, parmi beaucoup d'autres, la qualité des tissus offensés et l'impressionnabilité cérébrale plus ou moins vive du sujet.

Mais alors, dira-t-on, comment expliquer ce *virement* graduel que paraît subir la sensation à mesure que l'on renforce l'énergie d'un contact ?... Comment se fait-il que l'impression légère, presque imperceptible, du début se transforme ainsi peu à peu en une angoisse douloureuse ?

Irréfutable à première vue, cette objection n'a point cependant la valeur dirimante qu'on lui prête. Rien n'empêche en effet d'attribuer aux deux espèces d'éléments une émotivité très inégale, les fibres tactiles répondant exclusivement aux excitations modérées, les fibres dolorifiques aux irritations fortes. Et si, dans les expériences dites de renforcement, les deux sensations, — tactile et douloureuse, — se succèdent sans discontinuité apparente, c'est qu'entre la douleur confirmée et l'impression du simple attouchement vient se placer un stade intermédiaire où les éléments dolorifiques commencent à secouer leur torpeur avant que ceux du toucher aient entièrement cessé de réagir.

Comme il importe au plus haut point, même pour un exposé aussi peu didactique que celui-ci, d'éviter tout reproche d'inexactitude, je crois devoir, au moment de clore cette discussion, rectifier une erreur que j'ai intentionnellement commise pour ne pas compliquer outre mesure mon argumentation. Voici en quoi elle consiste :

Chaque fois qu'il a été question des organes de la souffrance, c'est aux *fibres* nerveuses que j'ai attribué le pouvoir de différencier les impressions. Or, pour rester dans la vérité scientifique, il convient de faire remarquer que les nerfs proprement dits sont en réalité des conducteurs *indifférents*, des voies banales ouvertes à tous les genres d'excitation et totalement incapables d'en opérer le triage. Aux *cellules cérébrales* seules incombe le soin de cette délicate sélection.

Comparables aux fadeurs du télégraphe, les filets nerveux ont pour unique emploi de transporter les plis qu'on leur remet, tandis que l'agrégat central remplit l'office de destinataire. La cellule que touche la dépêche l'accepte ou la refuse à son gré, en brise ou non le cachet, la retient ou la transmet, — avec ou sans apostille, — à l'un ou l'autre de ses correspondants. Il se fait ainsi que certaines impressions parviennent du premier coup à leur véritable adresse, et que d'autres, en revanche, ont à parcourir de très nombreuses étapes avant d'atteindre leur destination dernière. Ceci paraît être le cas pour les vibrations *douloureuses* venues de la surface, car elles *retardent* constamment sur les perceptions tactiles. Alors que celles-ci requièrent 150 millièmes de seconde pour aboutir au siège de la conscience, il faut tout près d'une seconde (exactement 900 millièmes de seconde) pour que la douleur soit sentie. Ce record, — non de vitesse, mais de lenteur, — est même dépassé dans certaines affections de la moelle épinière, l'ataxie entre autres, où la transmission douloureuse s'opère plus paresseusement encore.

Quoi qu'il en soit du mécanisme de l'acte douloureux, on ne saurait nier qu'il n'exige, pour son accomplissement, une extrême complication du système nerveux. On doit s'attendre dès lors à voir la souffrance s'accroître, se perfectionner, si j'ose le dire, à mesure que s'élève le niveau de l'organisation. Il est de fait que de tous les êtres vivants, l'*homme* seul la ressent dans son entière plénitude.

A vrai dire, nul autre ; que lui ne possède la faculté de symboliser ses impressions : et l'on pourrait penser que celles de l'animal, pour être inexprimées, n'en sont pas moins cruelles.

Cependant, à en juger par la bénignité relative de ses réactions, le mal physique n'aurait jamais chez ce dernier l'acuité qu'il atteint parfois chez nous. J'ignore si, sous ce rapport, les singes anthropomorphes, nos plus proches parents, nous sont ou non de beaucoup inférieurs. Mais tous les vétérinaires vous diront que le *cheval*, — monture de choix ou bête de labour, — supporte avec une extrême facilité les plus graves lésions, se démenant à peine et consommant tranquillement sa provende pendant qu'on le soumet à des opérations chirurgicales. Descendons l'échelle de quelques degrés, et tous les signes extérieurs vont aller en s'atténuant. C'est ainsi que le *chien*, le *lapin*, le *cobaye*, tous les souffre-douleurs du laboratoire, ne jouissent, — est-ce bien le mot ? — que d'une sensibilité limitée. Pour une raison ou pour l'autre, il n'est pas toujours possible de pratiquer l'anesthésie ; et, malgré cela, il arrive que l'animal en expérience ne pousse pas un cri, pas un gémissement, qu'il ne tente aucun effort pour échapper à ses liens, qu'il n'a pas au cœur une pulsation de plus.

Lorsqu'en fuyant, le *lézard* des murailles laisse entre nos doigts une partie de son appendice caudal, cette amputation volontaire n'enlève rien à la prestesse de ses mouvements : on dirait que la brusque rupture de ses tendons et de ses nerfs ne lui cause aucun déplaisir. En vue de se soustraire à un péril réel ou chimérique, le *crabe* ne se résout-il pas sans l'ombre d'une hésitation à l'abandon d'une de ses pinces ? S'imposerait-il de plein gré un semblable sacrifice, si cette « autotomie » équivalait, en tant que douleur, à l'amputation d'un de nos membres ?

Dans une classe plus fruste encore, celle des insectes, les exemples abondent d'une indolorité presque absolue. Redoutant à l'égal du crabe les dangers ou les ennuis de la captivité, la *sauterelle* se sépare de ses pattes, bien qu'elles lui soient indispensables, sans une apparence de regret. Bien plus, on peut la disséquer toute vivante, lui arracher les entrailles, vider complètement sa carapace sans qu'elle paraisse se ressentir de ces affreuses mutilations. « D'une indifférence que rien n'émeut, dit C. Flammarion, elle semble presque aussi insensible que les plantes dont elle fait sa pâture. »

Un autre insecte, l'*abeille*, fait preuve d'une passivité non moins stupéfiante, quand, surprise ; par un coup de ciseaux qui lui enlève brusquement l'abdomen, elle continue, comme si de rien n'était, son travail de succion.

Enfin, tout au bas de la série, nulle trace ne persiste de ce qui de près ou de loin l'appelle le sentiment de la souffrance. Les *infusoires*, les *amibes*, les *globules blancs du sang* qui, eux aussi, sont des animalcules, gardent assurément une certaine réactivité ; il se manifeste encore dans ces minuscules organismes des attractions et des répulsions nettement caractérisées. Mais il n'y a là ni plaisir ni douleur. De tous ces actes, de tous ces mouvements internes ou externes, aucun ne se rattache à une perception consciente. A peine cette impressionnabilité se distingue-t-elle, comme nature et comme degré, de latente et confuse irritabilité d'une cellule végétale.

Constant Vanlair

Il est acquis, au surplus, que, chez l'*homme* lui-même, la vivacité des sensations douloureuses décroît en même temps que s'abaisse la mentalité du sujet. A toutes les époques comme en tous lieux, la qualité des races, le degré de culture, le milieu social, l'éducation individuelle ont exercé sur la sensibilité à la douleur une influence considérable. Le paysan sera plus dur au mal que le citadin, le manouvrier plus que l'intellectuel, le dément plus que l'homme sain d'esprit.

Cette inégalité s'accentue bien davantage encore si l'on compare les races inférieures aux nations civilisées. Consultez les récits des voyageurs, vous les trouverez d'accord sur ce point : tous déclarent que les nègres et les sauvages résistent d'une façon surprenante aux secousses douloureuses ; et cela, non parce qu'ils nous dépassent en bravoure, mais parce que leur souffrance est moindre. Entre vingt exemples que je pourrais citer, je choisirai le plus récent. Un médecin anglais, W. River, a constaté, au cours d'une exploration scientifique accomplie au détroit de Torres, que les peuplades de ces régions offraient un développement remarquable de la sensibilité tactile, mais qu'en revanche, ils se montraient au regard de la douleur beaucoup moins impressionnables que nous. Ce qui, pour le dire en passant, plaide singulièrement en faveur de l'indépendance des deux fonctions, indépendance sur laquelle j'ai précédemment insisté.

Chapitre II

Après ce long préambule, — trop long peut-être, mais dont les détails ont servi à préciser l'idée physiologique de la douleur, — il est temps, je pense, d'aborder une autre question, plus intéressante au point de vue philosophique : celle du rôle dévolu à la souffrance physique dans le mouvement évolutif du monde organisé.

Bienfait suprême des dieux, ont dit les uns ; maléfice infâme et diabolique, ont dit les autres. Honnie par ceux-ci, acclamée par ceux-là, tour à tour glorifiée et maudite, la douleur est-elle une faveur insigne octroyée aux hommes, ou bien, au contraire, un jeu cruel, une fantaisie inexplicable de la nature ? Sphinge au double visage embusquée sur le chemin de la vie, elle n'a cessé depuis le commencement des siècles de poser à chaque passant son irritante énigme, que croyait avoir déchiffrée la sagesse antique, mais dont la science moderne seule a su trouver le mot.

Certes, au moment où la douleur l'assaille, le patient ne peut avoir pour elle que de la répulsion. La coupe offerte à ses lèvres ne lui paraît contenir qu'une liqueur amère dont la saveur révolte invinciblement son palais. Et son instinct ne le trompe pas : car à ce noir breuvage se trouve mêlé un poison subtil qui, répandu dans nos veines, tarit les sources de la pensée et ferme notre cœur et notre cerveau à tout ce qui fait le charme ou l'intérêt de l'existence. Il ne lui suffit point de nous enlever la jouissance du présent : son action malfaisante s'étend aux jours vécus, détruisant en nous jusqu'au souvenir des bonheurs passés ; l'avenir lui-même s'enveloppe d'un voile de deuil au travers duquel n'apparaissent plus que des heures sans joie.

Pour peu qu'elle se perpétue, cette insupportable obsession épuise graduellement, chez l'homme que la douleur accable, sa résistance morale. Si vaillant qu'il soit, un jour vient où son courage l'abandonne. Brisé par cette lutte énervante, sans forces pour la soutenir davantage, il se déclare vaincu ; comme un naufragé que submerge la vague, on le voit alors sombrer peu à peu dans une mélancolie incurable, à moins qu'il n'échappe par le suicide à son impitoyable persécutrice...

Et l'être mental n'est pas seul à en subir le dommage. Déjà, avec toute la vigueur que comporte une preuve expérimentale, un physiologiste italien, Mantegazza, nous avait appris avec quelle promptitude les irritations douloureuses retentissent sur l'ensemble des fonctions vitales. Non seulement le travail du cœur en est compromis, non seulement la température interne et les échanges respiratoires en éprouvent un trouble profond, mais encore elles finissent par amener une débilitation générale qui, elle-même, peut entraîner la mort.

Il n'était nul besoin toutefois d'imposer à l'animal d'aussi rudes épreuves pour mettre au jour les conséquences physiologiques de la douleur. Le médecin n'a-t-il pas déjà trop fréquemment l'occasion de voir se dérouler sous ses yeux cet attristant tableau ? Qu'il soit appelé, par exemple, au lit d'un malade torturé par une de ces névralgies féroces dont la violence et l'opiniâtreté laissent bien loin derrière elles les supplices infernaux créés par l'imagination de Dante, et tel sera le lamentable spectacle auquel, — désolé de son impuissance, — il sera contraint d'assister. Saisi d'une agitation convulsive, exhalant des plaintes inarticulées ou poussant des cris déchirants, le malheureux sur lequel s'acharne la souffrance réclame vainement un instant de repos. Le sommeil fuit obstinément sa paupière ; et, loin d'apporter à ses sens exaspérés le calme auquel il aspire, les ténèbres de la nuit ne font qu'aggraver son angoisse : alors même que sa conscience vient à s'obscurcir, de terrifiantes hallucinations, des rêves sinistres ne cessent de traverser l'engourdissement de son cerveau.

Si, rebelles à toute médication, les assauts de la douleur se répètent sans trêve, l'insomnie et l'inanition triomphent de l'énergie physique et morale du malade. Le poids du corps diminue, l'impotence musculaire devient complète, la peau se décolore, le cœur ne bat plus que faiblement, la température s'abaisse. Au fond de leurs orbites, les yeux seuls conservent encore une apparence de vie avec, dans leurs prunelles à demi éteintes, la navrante expression d'un désespoir incurable. Sur cette proie sans défense, le marasme, — vampire avide du sang des faibles, — projette, bientôt son ombre mortelle, multipliant ses hideuses morsures, vidant les veines, desséchant les chairs, faisant saillir les os. Et, quand une réaction inattendue ne lui vient point en aide, l'infortunée victime succombe en gardant jusqu'au bout le sentiment de sa misère : elle descend dans la tombe avant d'avoir touché au terme de ses maux.

Heureusement, j'ai hâte de l'ajouter, la souffrance ne se montre pas toujours à ce point inclémente. Parfois aussi il lui arrive de se heurter à des organisations assez robustes pour repousser victorieusement ses agressions.

A l'époque où sévissait cette stupide et abominable coutume, les accusés soumis à la géhenne sortaient presque tous vivants des mains de leur bourreau. Plus encore : certains d'entre eux, comme saturés par le mal, s'endormaient d'un vrai sommeil au milieu des plus épouvantables tourments. Les blessés déjà exsangues dont Ambroise Paré aseptisait les plaies vives avec de l'huile bouillante ne mouraient pas toujours, eux non plus, de ce traitement barbare ; et la plupart aussi acceptaient résolument des opérations que rendaient particulièrement douloureuses l'inhabileté et la brutalité des chirurgiens d'autan.

Que l'on se remémore enfin les peines édictées naguère contre les régicides, et l'on aura la mesure des épreuves inénarrables qu'une créature humaine peut traverser sans périr. Un exemple de cette extraordinaire endurance, le plus émouvant de tous peut-être, nous est fourni par l'atroce et interminable supplice infligé à François Damiens, qui, chacun le sait, fut condamné à l'écartèlement pour une tentative de meurtre sur la personne royale et exécuté en place de Grève le 28 mai 1757.

Voici, d'après le récit textuel de Mercier, de quelle épouvantable façon fut appliquée la sentence :

« La main droite du patient fut d'abord brûlée lentement. La flamme lui arracha un cri horrible. Le greffier s'approcha alors du condamné et le somma de nouveau de désigner ses complices.

« Il protesta qu'il n'en avait pas. Au même instant, il fut tenaillé aux mamelles, aux cuisses, au gras des jambes et des bras ; sur lesdites plaies fut jeté du plomb fondu, de l'huile bouillante, de la poix, de la cire et du soufre fondus ensemble, pendant lequel supplice le condamné s'est écrié plusieurs fois : « Mon Dieu, la force, la force ! Seigneur, ayez pitié de moi ! Seigneur, mon Dieu, donnez-moi la patience ! »

« A chaque tenaillement, on l'entendait crier douloureusement ; mais, de même qu'il avait fait lorsque sa main avait été brûlée, il soulevait la tête pour regarder chaque plaie, et ses cris cessaient aussitôt.

« Enfin, on procéda aux ligatures des bras, des jambes et des cuisses pour opérer l'écartèlement. Cette préparation fut très longue et très douloureuse. Les cordes, étroitement liées, portant sur les plaies vives, cela arracha de nouveaux cris au patient, mais ne l'empêcha pas de se considérer avec une curiosité singulière.

« Les chevaux ayant été attachés, les tirades furent réitérées longtemps avec des cris affreux du supplicié ; l'extension des membres fut incroyable, mais rien n'annonçait le démembrement. Malgré les efforts des chevaux excités à grands coups de fouet, cette dernière partie du supplice durait depuis *plus d'une heure*, quand, sur l'avis des chirurgiens assistants, les commissaires, en raison de la nuit venant, ordonnèrent à l'exécuteur de couper les nerfs aux jointures des bras et des cuisses.

« On fit alors tirer les chevaux. Après plusieurs secousses, on vit se détacher un bras et une cuisse. Le supplicié regarda encore cette cruelle séparation avec une curiosité anxieuse. Ce ne fut qu'au détachement du dernier bras qu'il parut expirer.

« Les membres et le corps furent brûlés sur un monceau de bois au milieu de la place et les cendres balayées dans la rivière. »

Pendant que, sur l'échafaud, le malheureux Damiens expiait si terriblement son attentat, les seigneurs et les dames de la cour, pressés au premier rang, se repaissaient avidement les yeux de ce sanglant spectacle. Depuis le matin, ils avaient « fait grève » afin de n'en rien perdre ; mais, l'attente se prolongeant outre mesure, ils avaient imaginé, pour tuer le temps, de faire circuler au milieu des groupes, — comme en une fête mondaine, - — des plateaux chargés de rafraîchissements.

La représentation finie, tous se hâtèrent vers les salons de Versailles, impatients de rapporter au roi les détails de l'affreuse agonie à laquelle ils venaient d'assister. On raconte même qu'en cette circonstance, une jeune et adorable duchesse se distingua par son entrain : elle fit les délices de la galerie en mimant « avec une grâce et une vérité sans pareilles » les péripéties du drame, prouvant par-là que l'insensibilité d'une âme féminine peut égaler, si extraordinaire qu'elle soit, l'endurance physique d'un régicide.

Même lorsqu'elle ne tue pas, la douleur reste pour tous un accident redoutable, un ennemi détesté aux atteintes duquel nous cherchons instinctivement à nous dérober.

Aussi méritent-ils une gratitude éternelle, les savants ailleurs de ces admirables découvertes qui ont permis à l'homme d'en éviter les coups. — Et qui donc cependant, en dehors du monde médical, qui donc s'inquiète d'en connaître les noms ? A côté de tant d'autres que leur insignifiance eût dû vouer à l'oubli, pourquoi restent-ils à peu près ignorés, ceux de ces modestes grands hommes dont la science dota l'art de guérir d'une invention sublime : l'*anesthésie chirurgicale* ?

Bien peu de personnes, assurément, ont ouï parler du dentiste américain Jackson, qui en fut le génial initiateur. Le premier de tous,

Chapitre II

sachant parfaitement le péril mortel auquel il s'exposait, il conçut l'audacieuse idée d'aspirer à pleins poumons les vapeurs dégagées par l'*éther*, liquide odorant et subtil trouvé cent ans auparavant par un chimiste du nom de *Fabrenius*, mais dont nul jusqu'alors n'avait soupçonné la vertu merveilleuse. Il faillit en mourir. Mais, lorsque, sortant de son dangereux sommeil, le hardi expérimentateur eut repris conscience de lui-même, il put se dire que sa témérité n'avait point été vaine. Car un secret sans prix, cherché depuis des siècles, venait enfin de lui être révélé : celui de procurer à n'importe quelle créature vivante, au moment choisi pour elle, pendant des minutes et des heures, l'insensibilité de la mort.

Quinze ans plus tôt, en 1831, entre les murs d'une officine, au milieu des matras et des cornues, était née une substance nouvelle constituant comme l'éther un dérivé particulier de l'alcool. Soubeyran, et presque en même temps que lui l'illustre chimiste Liebig, annonçaient au monde chimique l'apparition d'un corps inédit, au parfum de fraise, dont le nom se trouve aujourd'hui dans toutes les bouches, — le *chloroforme*. Longtemps on ne vit en lui que l'obscur produit d'une ingénieuse réaction, jusqu'au jour où, entre les mains du chirurgien Simpson, ce composé quasi inconnu manifesta soudain sa miraculeuse puissance. Plus sûr dans ses effets, moins dangereux à manier que l'éther, le chloroforme est devenu depuis lors l'auxiliaire indispensable de la pratique opératoire.

Dans le silence et l'immobilité de la narcose chloroformique, nos chirurgiens modernes peuvent désormais se livrer à leur travail sans trouble et sans hâte : ils n'ont plus à redouter ni les clameurs énervantes, ni les secousses irrépressibles qui, au temps passé, compromettaient si gravement le résultat de leurs délicates interventions. Grâce à cette salutaire inertie, ils ne craignent plus d'entreprendre ces ablations formidables, aussi longues que laborieuses, dont la pensée seule eût fait frissonner jusqu'aux moelles le moins timide des chirurgiens d'autrefois.

Et le patient lui-même, que ne doit-il pas à ce bienheureux sommeil ? Le fil tranchant du bistouri, la piqûre de l'aiguille, l'agrippement des pinces ont sectionné, perforé, écrasé les chairs ; les cavités du corps ont perdu des organes entiers ; des membres ont été coupés à leur racine, sans que de tout cela le malade ait rien perçu. Endormi déjà avant que d'être transporté sur la table d'opération, il se réveille dans son lit, le pansement fait, quelques minutes, une demi-heure, une heure plus tard, stupéfait de n'avoir ressenti aucun mal et croyant rêver quand la voix consolatrice du médecin vient lui apporter l'heureuse nouvelle de sa délivrance.

Mais ce n'est, pas seulement en des occurrences aussi solennelles que le malade a besoin d'être défendu contre la douleur. D'autres moyens, d'une action plus durable et, d'un emploi plus simple, trouveront alors leur indication.

Parmi ces derniers, l'*opium*, — est-il nécessaire de le nommer ? — a tenu depuis longtemps le premier rang. « *Praxim nolium exercere*, déclarait expressément le fameux Sydenham, *si carerem opio.* » — « Sans opium, a dit également Trousseau, la médecine serait impossible. »

Et veuillez remarquer qu'à l'époque où Sydenham s'exprimait ainsi, à l'époque où il dotait la thérapeutique d'une préparation opiacée particulière, — le laudanum, — dont on l'ait, encore de nos jours un usage constant, la *morphine*, le plus puissant des principes actifs de l'opium, n'était pas inventée. La poudre blanche et amère que nous employons couramment aujourd'hui et qui fait tant parler d'elle ne fut effectivement obtenue à l'état de pureté qu'au début du siècle ; dernier par deux chimistes, Derosne et Sertuerner, dont cette découverte devait à jamais immortaliser les noms.

Songez qu'ensuite il s'est écoulé plus de cinquante années avant que naquît l'heureuse inspiration d'introduire le médicament sous la peau au moyen de la seringue de Pravaz, affectée primitivement à un tout autre usage. Jusqu'alors, la morphine n'avait eu sur l'opium d'autre supériorité que celle d'un dosage plus précis et d'une action moins complexe. Mais, à dater de ce moment, il devint possible, en la faisant passer pour ainsi dire d'emblée dans le sang, de régler mathématiquement son absorption et d'en obtenir au besoin des effets instantanés.

Administrée suivant cette ingénieuse méthode, due à l'initiative de Wood, la morphine, à l'heure qu'il est, constitue pour la médecine interne l'équivalent du chloroforme pour les opérations sanglantes. Presque aussi sûrement que lui, elle prévient ou supprime la souffrance. En elle réside une si souveraine vertu, que l'on comprend difficilement l'hésitation de certains praticiens, à qui répugne encore son emploi. Et, je ne crains pas de le dire, il serait inexcusable, celui qui, mandé d'urgence auprès d'un patient en proie à une crise douloureuse, négligerait, ne fût-ce qu'une fois, d'emporter avec lui, en même temps que l'instrument de Pravaz, le précieux récipient dont les parois fragiles renferment, — matérialisés, — le sommeil et l'oubli.

Avec, d'une part, la stupeur profonde de la narcose et, de l'autre, le deux anéantissement où nous plonge la morphine, on pouvait croire que l'art de guérir avait enfin réalisé son idéal. Mais cela ne lui suffisait point encore. En maintes circonstances, lorsqu'il s'agit notamment d'une opération de petite chirurgie, il est désirable d'obtenir une dépression *locale* de la sensibilité. Cette dernière lacune, la découverte d'un médicament nouveau, la *cocaïne*, est venue la combler.

Extraite récemment par Niemann d'un végétal depuis longtemps connu, employée pour la première fois par Koller, en 1884, à l'effet d'anesthésier les membranes extérieures de l'œil, cet inappréciable remède a rapidement étendu le champ de ses applications. Et, pour ne mentionner que la plus brillante de ces innovations, — dont l'honneur revient à Léonard Corning, de New-York — on a pu réussir, en le mélangeant par injection directe au liquide qui baigne la moelle épinière, à rendre complètement inimpressionnable, la conscience restant intacte, toute la partie inférieure du corps. Ainsi pratiquée, la cocaïnisation détermine au bout de quelques minutes une anesthésie non moins absolue que si l'on avait sectionné de part en part la moelle épinière dans sa région dorsale.

Aussi, rien de plus curieux, de plus émerveillant que l'attitude du patient auquel on vient de conférer cette étrange immunité. Sous l'empire d'une sorte d'ébriété causée par l'injection, on le voit d'abord se préparer gaiement à l'opération projetée ; puis, celle-ci une fois commencée, il suit avec une attention quasi désintéressée les phases de l'acte chirurgical, conversant avec l'entourage, regardant couler son sang d'un œil placide, attendant sans émotion le terme d'une épreuve qui n'a pour lui rien de pénible.

Jaloux de ces succès opératoires, les accoucheurs eux-mêmes ont eu tout récemment l'idée de recourir à cette méthode pour soustraire leurs clientes aux douleurs de l'enfantement, et leur espoir n'a pas été déçu. De telle façon que, dès à présent, on peut entrevoir la possibilité d'affranchir de toute souffrance, — autrement que par une narcose toujours quelque peu périlleuse, — les femmes vouées aux maternités futures.

Les efforts séculaires dirigés contre le mal physique ne sont donc pas demeurés stériles. Déjà les découvertes dont il vient d'être question ont mis entre nos mains, pour combattre notre éternel adversaire, des ressources inespérées ; et Dieu sait de quelles armes nouvelles encore plus solidement trempées l'avenir dotera nos successeurs, ceux qui, après nous, auront à continuer la lutte.

A voir ainsi se poursuivre à travers les âges cette guerre sans merci, qui croirait que des philosophes, des physiologues, des médecins aient osé proclamer au nom même de leur science l'utilité, plus encore, la *nécessité* de la souffrance ? N'est-ce point là une prétention insensée, une de ces thèses paradoxales, si chères à l'ancienne dialectique ?

Eh bien ! non. Quelque étrange que la chose paraisse, ceux-là seuls ont raison qui soutiennent que la douleur n'est pas un mal. Ici comme en bien d'autres circonstances, la nature semble s'être complu à travestir ses véritables intentions. Rétive à la curiosité des profanes, elle ne condescend d'ordinaire à livrer ses secrets qu'aux initiés vivant avec elle dans un commerce intime. Encore faut-il, pour les lui arracher, n'accepter qu'avec un certain scepticisme les confidences qu'elle paraît disposée à vous faire : ainsi qu'un insaisissable Protée, elle prend les formes les plus décevantes afin d'éluder les questions indiscrètes et ne rend ses oracles que si l'on parvient à la maîtriser.

En son temps, la sagesse antique avait cru découvrir la solution du problème. Donnant eux-mêmes l'exemple d'une inébranlable fermeté d'âme vis-à-vis de leurs propres souffrances, Zénon et les philosophes de son école affirmaient hautement déjà l'universelle opportunité de la douleur. On raconte à ce sujet qu'à la grande époque romaine, florissait dans l'île de Rhodes un stoïcien célèbre du nom de Posidonius. Le bruit de sa renommée étant parvenu aux oreilles du grand Pompée, celui-ci fut pris du désir de l'entendre et fit exprès la traversée pour assister à ses leçons. Un hasard néfaste voulut qu'au jour de cette visite, le maître fût cloué sur son lit par un violent accès de goutte. Ses vives souffrances ne l'empêchèrent point d'accueillir son illustre disciple ; et, sans tarder, il commença devant lui l'exposé de sa doctrine. Pourtant, à un moment donné, le lancinement de ses jointures devint à ce point intolérable que le malheureux podagre se vit forcé d'interrompre son discours. Mais ce fut pour s'écrier : « Tu ne gagneras rien, ô douleur ! quelque insupportable que tu puisses être, jamais je n'avouerai que tu sois un mal [1] ! »

Dans ce fier défi porté à la douleur, rien n'apparaît encore du renoncement des ascètes futurs. Les stoïciens d'alors ne songeaient guère à considérer les vicissitudes de l'existence comme une épreuve rédemptrice, une juste expiation imposée à l'homme par la volonté divine. Pour eux, la souffrance formait, au contraire, une condition essentielle de la félicité terrestre : soit qu'elle prodiguât à tous ses fortifiantes leçons, soit que, par contraste, elle nous fît mieux apprécier les bonheurs de la vie. On ne peut, disaient-ils, éprouver la sensation du bien-être parfait qu'après avoir pâti.

Quand, à quinze siècles de là, Montaigne a formulé l'aphorisme suivant : « La nature a créé la douleur pour l'honneur et le service de la volupté, » c'est la même idée qu'il reproduisait sous une forme concrète. « Lorsque tu souffriras beaucoup, regarde la douleur : elle te consolera elle-même et t'apprendra toujours quelque chose. » Ainsi s'exprime, de son côté, un écrivain moderne qui plus que nul autre sut revêtir d'un style lapidaire les hardiesses de sa pensée. « Les souvenirs seuls de la souffrance, a dit aussi quelque part un délicat lettré, valent la lutte contre l'oubli ! Ne sont-ils pas, d'abord, moins douloureux que le souvenir de nos joies ? Puis, combien rares ceux dont ne se dégage aucune leçon de sagesse, nul exemple de résignation ou de beauté ! Il y a vraiment une volupté à revenir

---

[1] Ces lignes étaient écrites quand a paru dans la *Revue scientifique* une leçon faite à l'Hôtel-Dieu par le docteur Lucas-Championnière, leçon aussi attrayante qu'instructive, traitant de *la douleur au point de vue chirurgical*. Par une coïncidence qui n'a d'ailleurs rien de bien surprenant, il se fait que nous avons puisé l'un et l'autre aux mêmes sources certains détails historiques qui, comme celui-ci, nous ont paru à tous deux dignes d'être mentionnés. — On m'excusera, j'espère, de les avoir conservés, non point parce que ce qui appartient à tout le monde n'appartient à personne, mais parce que le choix qu'en a fait lui-même mon collègue m'a prouvé que ces citations n'étaient pas dénuées d'intérêt.

Constant Vanlair

se déchirer les mains aux barrières infranchissables du bonheur, à s'enivrer encore du fumet des coupes que l'on n'eut pas la force ou que la destinée vous empêcha de vider. » Certes, plus qu'à tous les autres, la joie est douce à ceux qui ont souffert. Il faut des nuits et des nuits d'insomnie et de fièvre pour ménager au malade la délicieuse euphorie de la convalescence ; et le souvenir des maux passés éclaire d'une lueur plus vive, quand enfin elle se lève, l'aube des jours meilleurs.

N'est-ce pas aussi aux périodes troublées de l'histoire qu'ont surgi, semés par un vent d'orage, ces sublimes héroïsmes qui, pour germer, semblent avoir besoin d'une glèbe hersée par des dents de fer, arrosée avec du sang et des larmes ?

Combien enfin d'œuvres impérissables, — œuvres de poète et d'artiste, — seraient à tout jamais restées ensevelies dans le néant, si le sentiment d'une souffrance personnelle n'eût été là pour les inspirer ! Rien peut-être n'égale, en fait d'art, la splendeur des marbres de Michel-Ange, dont les poses tourmentées ou la mélancolique grandeur traduisent les agitations d'une âme haute et fière, troublée jusqu'à la fin par les soucis d'une injuste persécution. Où trouver, dans l'ordre littéraire, des accents plus vrais, plus pathétiques que ceux où retentit l'écho d'une souffrance éprouvée ? Echo qui naguère a rempli de son lyrisme douloureux les gémissements d'Israël prisonnier dans Babylone, les lamentations d'Ovide pleurant son propre exil, et, plus près de nous, les sombres évocations du banni de Ravenne. Répercutées de siècle en siècle, ses vibrations nous émeuvent encore dans les *Nuits* désenchantées de Musset disant les regrets d'une passion mal éteinte et dans ces poésies touchantes, ces élégies au charme pénétrant « où chante si tristement la plainte d'un cœur brisé. »

En une page superbe, — véritable perle anthologique, — Théophile Gautier a pittoresquement comparé le génie du poète au pin des forêts pyrénéennes qui, le tronc ouvert, par la plaie pratiquée à son flanc,

…….. verse son baume et sa sève qui bout,

Et se tient toujours droit sur le bord de la route

Comme un soldat blessé qui veut mourir debout.

Le poète est ainsi dans les landes du monde ;

Chapitre II

Lorsqu'il est sans blessure, il garde son trésor ;
Il faut qu'il ait au cœur une entaille profonde

Pour épancher ses vers, divines larmes d'or ! A ne considérer la douleur qu'au seul point de vue de ses qualités esthétiques et morales, il semble donc tout naturel que les philosophes, les artistes, les littérateurs, lesquels d'ailleurs ont trop volontiers identifié la souffrance passionnelle et la peine physique, en aient à l'envi exalté les vertus. — Reste à savoir si les biologistes, généralement peu accessibles aux raisons d'art ou de sentiment, sont disposés à partager cet optimisme.

Voici, d'un côté, le vivisecteur qui, au cours de ses expériences, se heurte à chaque instant à la douleur comme à un obstacle gênant. Voilà, d'autre part, un médecin dont le devoir le plus strict, — et en même temps le plus difficile à remplir, — est de la poursuivre à outrance partout où il la rencontre. Vous devrez, d'après cela, vous attendre à les voir tous deux, avec leur positivisme habituel, prendre en pitié l'enthousiasme des idéologues et soutenir une thèse opposée à la leur.

Or, je l'ai déclaré déjà, l'un et l'autre, joignant leurs voix à celles de ses plus ardents panégyristes, reconnaissent comme eux l'opportunité de la souffrance.

Voulez-vous entendre le médecin, lui d'abord, justifier cette soi-disant palinodie ? Depuis l'instant, vous dira-t-il, où la maladie s'est abattue sur le monde, — et l'humanité n'était pas née qu'elle existait déjà, — les manifestations douloureuses n'ont cessé de lui fournir des indications utiles. Suivant le mot de Spring, elles sont le cri d'alarme de l'organisme aux abois ; l'ennemi une fois dans la place, ce sont elles encore qui permettent, par leurs accalmies ou leurs recrudescences, de suivre comme dans un livre ouvert la marche oscillante de la lésion. Sans leur secours, le praticien serait souvent en peine de poser directement son diagnostic, d'instituer par conséquent en temps voulu un traitement rationnel.

Je veux bien que la science moderne ait mis à la portée du médecin mille autres moyens d'exploration, et que par là même ait passé au second rang la série des signes *subjectifs* auxquels l'école hippocratique attachait une excessive importance. Mais nombreux encore sont les cas où, pour l'homme de l'art, les déclarations du malade comportent de très profitables enseignements. Et c'est à juste titre que, dans leur œuvre immense, les pathologistes réservent aujourd'hui non moins qu'autrefois une place d'honneur à l'étude de la souffrance. Car, maintenant comme alors, sa violence ou sa bénignité, sa localisation, le caractère spécial qu'elle affecte, sa fugacité ou sa persistance, parfois aussi la périodicité de ses éclipses, trahissent en mainte occasion, pour un œil expérimenté, la nature du mal et sa cause déterminante. En l'absence de ces indices, il arriverait fréquemment au praticien de méconnaître une lésion profonde et de commettre par suite de très regrettables méprises. N'eussent-ils d'autre avantage que de désigner avec une quasi-certitude le point sur lequel les investigations doivent porter, qu'ils épargneraient encore au médecin, — et au malade lui-même, — de longues et fastidieuses recherches.

En veut-un des exemples ?

Avant même que l'examen direct de la poitrine n'ait pu fournir aucun l'enseignement objectif, le *point pleurétique* annonce à lui seul l'imminence d'un épanchement : outre cela, le côté où il ne tardera pas à survenir. Citerai-je aussi la pression si caractéristique que provoque l'enclavement d'un calcul dans tel ou tel conduit, la sensation précoce et si nettement localisée de l'appendicite aiguë, l'étreinte poignante et les irradiations de l'angine de poitrine, — qui, toutes, portent avec elles la marque de leur origine ?

La chose est tellement vraie, que les altérations aiguës ou chroniques ayant pour siège des viscères insensibles, les reins, par exemple, doivent en partie l'extrême gravité ; qui les distingue à leur allure insidieuse : trop souvent on n'en constate l'existence qu'à une période tardive, au moment où la lésion est déjà trop avancée pour laisser des chances de guérison.

De ce que les cliniciens mettent si largement à profit les signes particuliers de la douleur, il serait évidemment absurde d'induire que la nature fait infligée au monde à seule fin de faciliter leur tâche. Car, si tel avait été son but, la grande génératrice aurait pu nous donner une preuve autrement convaincante de sa tendresse en adoptant une mesure plus radicale et plus simple : la suppression de la maladie elle-même. Toujours est-il que, dans l'état actuel des choses, les impressions pénibles accusées par le patient servent indirectement à son salut.

Il y a plus. Pareille à la lance d'Achille, la douleur est devenue, aux mains du médecin, un remède contre la douleur. Dans les ouvrages hippocratiques se lit déjà cet adage : « *De deux douleurs développées à la fois en deux points différents, la plus intense atténue l'autre.* » D'où l'idée de substituer, en vue d'un résultat thérapeutique, une souffrance vive, mais passagère, à une autre souffrance, plus modérée peut-être, mais rendue intolérable par son opiniâtreté : et c'est ainsi qu'est née la médication *révulsive*. L'usage si répandu des sinapismes, des ventouses, du vésicatoire, des pointes de feu, des liquides irritants, de certains courants électriques n'est qu'une application intelligente et raisonnée de cette méthode, « dont l'origine se confond presque avec celle de la médecine elle-même, qui a souffert plus d'une fois du vent et de la tempête, et qui est pourtant encore debout. »

A côté des inconvénients qu'elle entraîne, le médecin a donc les plus légitimes raisons d'attribuer à la douleur de très sérieux avantages. Le physiologiste, lui, va beaucoup plus loin. Il ne se borne point à la traiter avec indulgence. Il voit en elle un palladium à l'abri duquel nous pouvons affronter les hasards de la vie, ou, si l'on veut, une sorte de vigie peu commode, à l'aspect rébarbatif, mais dont l'œil toujours ouvert aperçoit de loin le danger, et qui ne manque presque jamais de nous en signaler l'approche.

Sûrement, des êtres naissent, végètent et meurent à la surface de notre globe qui jamais n'ont eu la plus légère intuition de la douleur : car il ne viendrait à l'esprit de personne d'user d'un terme semblable pour désigner l'impression vague, confuse, indéterminée, et en tout cas très fugitive, succédant à une irritation quelconque chez les organismes inférieurs ; moins encore aux réactions automatiques des animalcules sans nerfs et sans cerveau.

Mais qu'importe à la nature le sort de ces créatures rudimentaires pullulant autour de nous ? Elles éclosent en quelques heures, en quelques minutes même ; et si brève est la durée normale de leur existence, que les chances les plus contraires ne sauraient sensiblement l'abréger. Toutes, d'ailleurs, joignent à leur fécondité exubérante une vitalité telle que certaines d'entre elles se reprennent à vivre après une dessiccation complète, et que d'autres, coupées en deux, forment de chacun de leurs segments un individu nouveau.

En conférant à ces infiniment petits la prescience du péril sous les espèces de la douleur, l'*alma parents* aurait perdu son temps. Ses préférences devaient aller tout entières aux produits les mieux réussis de ses intelligentes sélections : aux animaux supérieurs, dont les appareils à la fois plus achevés et plus vulnérables réclament une protection particulièrement efficace. Et quelle sauvegarde plus sûre pouvait-elle imaginer, que la perception préventive de la souffrance physique et surtout l'effroi qu'elle laisse après elle ?

Sans éprouver des sensations aussi profondes, sans en garder aussi longtemps que nous la mémoire, les bêtes voisines de l'homme ont déjà, à n'en point douter, le souvenir réfléchi de la douleur. Le chien d'arrêt dont les jappements trop hâtifs font lever inopportunément le gibier et qui, en punition de sa faute, reçoit une charge de plomb dans le train de derrière se rappelle d'habitude assez nettement sa mésaventure pour ne plus s'exposer à un second avertissement. Quand, à l'oreille d'un cheval rétif, le fouet claque ou la cravache siffle, le sens de cette menace est parfaitement saisi : en son for intérieur, l'animal se dit qu'il lui faut choisir entre la satisfaction de son caprice et la rude correction réservée à son indiscipline ; et, le plus souvent, pour ne pas encourir celle-ci, il prendra le sage parti de renoncer à celle-là.

Qui d'entre vous n'a présente à l'esprit l'histoire de la célèbre *Lisette* dont les Mémoires de Marbot nous ont narré les hauts faits ? Cette vaillante et fantasque jument avait coutume, dans ses accès d'humeur, — et ils étaient fréquents, — de mordre à belles dents tous ceux qui l'approchaient : fâcheux travers, dont n'avaient eu raison ni les objurgations, ni les caresses. Elle en fut guérie instantanément quand, un beau jour, on mit à portée de sa bouche un gigot brûlant, lequel, dès que la malicieuse bête voulut le happer, lui rôtit atrocement les lèvres. — Une fois seulement, par la suite, elle retomba dans son ancien péché. C'est, on s'en souvient, à la bataille d'Eylau. Alors que, pressés de toute part par l'ennemi, elle et son cavalier se trouvaient en péril de mort, la jument furieuse enleva d'un coup de dent la face tout entière d'un grenadier russe dont le sabre, un instant plus tard, allait trouver la poitrine de son maître.

Chapitre II

Au plus haut degré de l'échelle, la vertu éducatrice de la douleur apparaît d'une façon plus évidente encore. Les écoliers d'autrefois savaient ce qu'il en coûte d'oublier ses leçons ; et, même de nos jours, quoi qu'on en dise, la perspective d'un châtiment corporel ne reste-t-elle pas pour l'enfant, — comme aussi pour bien des adultes, — un remède souverain contre certaines révoltes ? Mieux que n'eussent pu le faire les plus sages conseils, la crainte des coups n'a-t-elle pas redressé maintes fois de vicieuses tendances et mis à la raison des volontés perverses, obstinément rebelles à toute influence morale ?

En cela cependant ne réside pas la principale utilité de la douleur. Son rôle pédagogique est et demeurera toujours secondaire. La nature, on le sait déjà, l'a chargée d'une mission plus haute, que nulle autre qu'elle ne pouvait mener à bien : celle d'assurer notre existence contre les agressions extérieures. Et voici comment s'exerce à notre insu sa bienveillante tutelle.

D'après un axiome universellement admis par la médecine moderne, il n'y a pas de douleur sans lésion. A dire vrai, l'impression n'est point constamment perçue à l'endroit même où siège la cause d'un mal ; celle-ci peut affecter, d'autre part, telle ou telle partie de notre corps sans émouvoir désagréablement nos sens. Mais un fait reste certain : c'est que l'éclosion d'une souffrance quelconque se lie fatalement à une altération de nos tissus, — altération tantôt légère, tantôt profonde, mais toujours *offensive*. Pour tout dire, un organe endolori est un organe lésé.

Cela, nous le savons d'instinct. Dès qu'apparaît un trouble douloureux, le sens intime nous prévient que notre ; santé est compromise ; et, consciente alors du péril, notre intelligence avise sans retard aux moyens de l'éloigner. Pour tirer d'elles un enseignement salutaire, il ne faudra même point que l'on ressente les premières secousses de la douleur : la *perspective* d'un accident pénible suffira pour exciter notre défiance, laquelle, à son tour, saura nous préserver, non pas seulement de la douleur elle-même, mais encore et surtout de la lésion qui l'aurait occasionnée.

La nature, on le voit maintenant, eût manqué de prudence, si, à côté du plaisir, qui nous fait aimer la vie, elle n'avait placé la souffrance, qui nous apprend à la conserver.

Constant Vanlair

Cette grande vérité biologique, très vaguement soupçonnée par l'antique philosophie, on sera quelque peu surpris de la rencontrer sous la plume de Voltaire, qui pourtant n'était point un physiologiste. Il l'a très explicitement formulée en un fragment d'une facture détestable, mais où, contraste étrange, la prétentieuse médiocrité du vers recèle un sens profond :

.... C'est à la douleur même

Que je connais de Dieu la sagesse suprême ;

Ce sentiment si prompt dans nos cœurs répandu,

Parmi tous nos dangers sentinelle assidu,

D'une voix salutaire incessamment nous crie :

Ménagez, défendez, conservez votre vie !

En ce qui touche les *fins* du mal physique, l'objet de cette étude ne serait que partiellement atteint, si je négligeais d'insister sur un point dont l'importance me paraît capitale. J'entends la nécessité du *souvenir*.

Il est tout à fait certain que l'efficacité préventive de la souffrance dépend essentiellement de l'impression qui lui survit. Pour nous garder contre notre propre imprévoyance, elle doit laisser en nous une marque indélébile. Avec M. Ch. Richet, — celui de tous les physiologistes qui a le plus et le mieux écrit sur la douleur, — on peut comparer au retentissement d'une cloche l'émotion persistante de nos organes. L'airain résonne encore après que le branle a cessé, et notre oreille continue à percevoir ses vibrations alors que le choc qui les a produites ne dure pas une seconde.

S'il n'en était pas ainsi, si, aussitôt passée, l'excitation s'effaçait de notre mémoire, elle serait presque comme si elle n'existait pas.

Lorsque, suivant une légende édénique, Dieu chassa du paradis terrestre nos premiers parents, Eve portait déjà dans son sein le fruit vivant de sa faute. Pleurant sa félicité perdue, la tête courbée sous le courroux céleste, elle allait franchir le redoutable seuil, quand, voulant châtier en elle l'instigatrice du péché, le Seigneur, dans sa colère, lui lança cette dernière malédiction : « Tu enfanteras dans la douleur ! » — Mais, aussitôt, touché par le désespoir et les larmes de la pauvre exilée, regrettant son inclémence, l'Eternel ajouta : « Mais tu n'en garderas point le souvenir. »

Chapitre II

Cette grâce concédée à la faiblesse féminine, — la grâce de l'oubli, — l'enfant l'a reçue également en partage. Durant les premiers mois et même les premières années de la vie, son cerveau perçoit peu distinctement, la douleur et se la remémore encore moins. Le nouveau-né souffre incontestablement, quand la faim lui arrache des pleurs ou des cris. « Mais, déclare M. Ch. Richet, ces cris et ces pleurs ne m'inspirent pas grande pitié : car je suis convaincu que sa souffrance est modérée, qu'elle passera en quelques secondes sans laisser aucun vestige dans sa mémoire, sans le retentissement prolongé dans la conscience qui est la condition de la douleur... Si l'on venait me proposer, ajoute l'éminent physiologiste, de me faire souffrir une douleur atroce, épouvantable, inouïe, avec cette condition qu'elle ne durera qu'une seconde et que, cette seconde étant passée, je n'en conserverai plus aucunement la mémoire, que j'oublierai totalement la vibration angoissante qui m'aura secoué tout entier, j'accepterais volontiers cette passagère douleur, si intense qu'elle fût ; car la durée d'une seconde est tellement courte, étant donnée notre organisation psychique, qu'elle ne compte pas pour la conscience. »

On ne saurait mieux dire ; car, en vérité, il en serait alors de ce mal fugace comme de la fulgurance instantanée de l'éclair, qui ne suscite en nous une impression d'effroi que parce qu'elle est inévitablement suivie des grondements prolongés du tonnerre.

Au cours de la narcose chloroformique, maintes fois le patient s'éveille au milieu de l'opération, soit que des vomissements surviennent, soit qu'on se décide pour un motif quelconque à suspendre les inhalations. Dans cet état, il sent très positivement la douleur ; vous le voyez se débattre, crier, demander grâce. Mais qu'après cette courte période de lucidité, le malade retombe à nouveau dans son sommeil, et, l'opération finie, il vous dira qu'il n'a éprouvé aucune souffrance. L'entr'acte douloureux sera pour lui comme s'il n'avait jamais été !

A parler vrai, le souvenir de la douleur n'est pas le rappel de la douleur. Quelque intense, quelque tenace qu'il soit, jamais il ne fera revivre l'impression disparue. Celle-ci pourra bien évoquer en nous un sentiment rétrospectif d'épouvante et d'horreur : mais, en aucun cas, l'imagination la plus plastique, la mémoire la plus fidèle ne parviendront à reconstituer ses traits. La page de notre vie où s'est inscrite une souffrance passée, cette page, nul d'entre nous ne l'a jamais relue.

Qu'importe, au surplus, cette défaillance partielle de la mémoire ? Une reviviscence intégrale de la sensation douloureuse ne ferait qu'en renouveler inutilement l'angoisse. Ce qu'a voulu la nature dans sa prévoyance maternelle, c'est que nous ayons toujours présente à nos yeux, pour en avoir antérieurement éprouvé les effets, l'hostilité du monde extérieur. Se *figurer* ce qu'on a souffert ne servirait à rien : il suffit, si l'on veut se garder de toute surprise, de *savoir* que l'on a souffert.

Encore faut-il néanmoins que l'on en conserve indéfiniment le souvenir. Que l'écho de la douleur vienne à s'éteindre, et, du même coup, notre tranquillité, notre bien-être, notre existence même en seraient compromis. Sans lui, étourdiment, nos doigts s'ensanglanteraient au tranchant du rasoir ; à tout instant, nos extrémités, aussi bien que celles des syringomyéliques, se couvriraient de multiples brûlures ; et c'est seulement après qu'il nous aurait saisi que l'idée nous viendrait de nous garer du froid. De même, devant un poing levé, nous ne songerions point à détourner le coup ; de même, la vue d'une arme dirigée contre notre poitrine nous laisserait indifférents. Toujours, en un mot, les mouvements de défense ou de fuite arriveraient trop tard.

Toutefois, qu'on le sache bien, il n'est pas du tout indispensable, pour réaliser les vues de la nature, que chacun de nous ait acquis à ses propres dépens cette défiance salutaire. Car l'homme ressemblerait alors à un duelliste incapable de parer d'autres feintes que celles qui l'ont blessé ; en même temps que son ignorance, il risquerait de perdre sa vie ou sa santé. Par bonheur, l'exemple et les conseils d'autrui sont là pour nous instruire ; à leur défaut, l'*instinct*, ce produit irraisonné des sagesses ancestrales, ce « reliquat latent des peines et des plaisirs des morts, » l'instinct viendra, le cas échéant, suppléer à notre inexpérience.

Néanmoins, par le fait même qu'elle échappe à tout contrôle, la spontanéité de nos impulsions nous exposerait à de très durs mécomptes. A l'*intelligence* seule il appartient de définir les conditions au milieu desquelles évolue un phénomène suspect ; elle seule aura le pouvoir d'en pénétrer les causes, d'en discerner les tendances et d'en prévenir, par un choix délibéré, les conséquences néfastes.

Comme le chien guidant un aveugle à travers des chemins inconnus de son maître et que son flair peut tromper, les prévisions faillibles de l'instinct nous égarent aisément ; tandis que la raison sait pertinemment ce qu'elle veut et où elle va. Avant d'entrer en campagne, elle s'applique à mûrement étudier le terrain, toujours prête cependant à modifier ses plans, s'il lui arrive, en cours de route, de découvrir une voie plus sûre et plus directe pour atteindre son but.

De ce qui vient d'être dit, il ressort en dernière analyse que la douleur ne compte pas les services qu'elle nous rend, mais qu'en échange elle nous les fait payer très cher. En outre, c'est là un point sur lequel il convient d'insister, elle répartit ses faveurs d'une façon très inégale. Parmi les entités vivantes, celles-là seules auront droit à sa sollicitude qui réuniront les trois conditions suivantes : un vif sentiment de la souffrance, l'intensité et la persistance de son souvenir, la connaissance raisonnée de ses origines.

L'être humain, et avec lui, bien qu'à un degré moindre, les animaux supérieurs jouissent de ce triple privilège.

Aussi leur existence est-elle bien plus efficacement garantie que celle de tous ces minuscules organismes, — *sine nomine vulgus*, — dont l'abjecte multitude peuple les bas-fonds de l'animalité. Sans le moindre souci des principes égalitaires, la nature ne s'est pas contentée d'établir dès l'abord dans l'univers vivant une hiérarchie des plus compliquées. Ses efforts tendent sans cesse à multiplier les castes ; et, de nos jours comme aux premiers temps du monde, elle réserve à ses élus, — les intelligents et les forts, — ses grâces les plus insignes, abandonnant à leur misérable destin la foule inutile des incapables et des faibles.

En se comportant d'autre façon, elle mentirait à ses fins, elle renoncerait à son idéal. Si l'on tient compte, en effet, des données fournies par l'étude de l'évolution, on ne saurait douter que son désir constant n'ait été d'obtenir des variétés animales de plus en plus parfaites. Et ce désir, il n'était possible d'y satisfaire que par un triage judicieux, une sélection ininterrompue des formes primitives. Que penserait-on, dites-moi, d'un pépiniériste qui, au lieu de choisir des surgeons vigoureux, perdrait sa peine à bouturer de chétifs rameaux ? Et quelle triste opinion ne donnerait-il pas de lui, cet éleveur dont tous les soins iraient à des produits médiocres, sacrifiant à ces derniers tous ses sujets de prix ?

Qu'on ne l'oublie pas cependant : ce n'est pas vers le bien-être, ni même vers la conservation de la *personne*, que tendent, à proprement parler, les forces évolutrices. Elles ont pour objectif unique, — ou du moins elles agissent comme s'il en était ainsi, — la perpétuation et l'amélioration de l'*espèce*. Il faut bien le reconnaître, dût notre amour-propre souffrir de cet humiliant aveu : l'individu n'a d'autre valeur, dans le mécanisme général de la vie, que celle d'un pur reproducteur. Pour les finalités du monde, l'homme n'est rien, l'humanité est tout.

Ayant, au prix d'inlassables efforts, pourvu l'espèce humaine d'une organisation splendide, d'un cerveau sans rival, la nature n'a pas voulu que la plus admirable de ses œuvres restât éternellement à la merci d'un funeste hasard. Et comme, de toutes les ressources défensives dont elle pouvait disposer, la *souffrance* était la moins précaire, c'est elle que, logiquement, cette même nature a choisie pour assurer notre salut. Étrangère à nos peines comme à nos joies, sourde à nos louanges comme à nos plaintes, elle poursuit imperturbablement à travers les âges sa mission originelle, nous protégeant en dépit de nous-mêmes contre les menaces extérieures, cachant avec un soin jaloux sous l'apparence du plus affreux des maux le plus inestimable des bienfaits.

Grâce à ce cruel amour, il nous est possible de résister victorieusement à l'ennemi qui sans trêve nous harcèle : alors que, privée d'un pareil secours, notre pauvre humanité, meurtrie, brisée, frappée au cœur, aurait depuis longtemps rejoint aux abîmes sans fond du néant la tourbe inanimée des créatures infimes auxquelles a été refusé le don de la douleur !

ISBN : 978-1539537786

www.ingramcontent.com/pod-product-compliance
Lightning Source LLC
Chambersburg PA
CBHW070339190526
45169CB00005B/1957